幸福月子餐

65道滋養料埋

Theresa Lin
林慧懿 等著

U0085119

序

俗話説得好：『不聽老人言，吃虧在眼前！

我的頭一胎沒坐好月子。先生在美國進修
我自以為是「女超人」，難產後還一個人每
天扛大盆的洗澡水給兒子洗澡、替婆婆翻譯
食譜用眼過度、家裡請的管家因未婚而拒絕
為我坐月子，認為替我坐月子會倒楣、嫁不
出去，連加紅包也打不動她的心；很會照顧
月子的家母因為年關已至、又加上大哥也同
時生女兒要照顧，不能即時趕來台北、來了
幾天又趕著南下。嚴格來講，我的第一胎並
沒坐好月子！又加上洗頭沒吹乾透，弄得腰
酸背痛、頭風、眼酸、一身都是毛病！只有
靠第二胎才補了回來，哈！又是一條英雄
好漢！可見身子不好是可以靠坐月子脫胎換
骨、補回來的！

我的姊姊在美國洛杉磯生產後，可能護士知
道當地華人產後不洗頭不洗澡的習俗，硬要
帶著她進浴室洗澡，還站在門外等，因為婆
婆及老奶奶耳提面命交代不可洗頭，姊姊不
得已，只好將身子用毛巾擦拭，並讓水龍頭
流一下再關水，好教美國護士放心。其實只
要吹風機可以儘快把濕髮吹乾就不會感冒，
須知感冒乃萬病之源啊；不洗頭不洗澡不算
稀奇，鄉下有些產婦連要進院子也得戴斗笠
踏木屐，表示＜頭不見天、腳不沾地＞。坐
月子應該多休息，孩子睡了你就趕緊睡，睡
不著也要躺下閉目養神！勿提重物，讓子宮

快回到原來的位置，避免造成子宮下垂，壓迫膀胱。最好忍一忍：不要在月內行房，南北朝時期劉延之所編寫的《小品方》裡特別提到婦人在生產時，骨頭會分開，要100天才能恢復。一般人以為滿月後身體就好了，可以行房了，其實這樣會傷百脈，造成五勞七傷，對身體有損。我們的體質來自於父母遺傳，雖然無法改變，加上女人生產很辛苦、耗損大，如果能夠利用坐月子時善加調理，身體就會變得很健康，甚至改善體質更加年輕。坐月子可以調養改變體質，只要月子坐得好，許多老毛病都會消失。台語有句俗話說：「生給贏，雞酒香；生給輸，四塊板（棺材）」。可見坐月子的重要性。

閩南語曰：「做月內」有分三十天、四十天或四十五天之久，「做月內」有人說是做月子，也有人說作月子、更有人堅持說坐月子，認為月子裏應該休息，不是躺就是坐！產後婦人的身體狀況及調養是很重要的。除了吃得好、休息得夠、一些傳統禁忌如忌食生冷、進補（一般皆是十二日以後才進補、吃無毒有鱗之魚）勿行房、熱水洗頭並立即吹乾、保養眼睛、不提重物、最好也要遵守。

朱振隆中醫師常說產婦坐月子時，月內風也是不容忽視的事！公元六八二年唐朝孫思邈的《千金翼方》把產後的婦人保養分成初、中、後期不同的補法。書中也已提出「蓐風」這個觀念，認為「蓐風」會使產婦「背患風氣，臍下虛冷」，後果是以後懷孕容易流產，這便是談罹患月內風的事。坐月子料理最好少吃鹽，中醫的說法是「鹽會生風」，血中鹽分太高會使血凝滯，吃得太鹹容易引起血管、腎臟的病變；身體瘀積的廢物多了，血路不通就會痛，鹽份太重易引起「月內風」，如關節痛、風濕痛、腰酸背痛等；所以煮麻油雞時，按老規矩是不放鹽的。

據朱振隆中醫師認為：除了除惡露、補血、防止月內風、產後憂鬱症常被忽略也是家人應注意的，幫助產婦的心理調適是相當重要的，這種病症嚴重起來會自殺或傷到孩子的身心，須靠家人的愛和照顧坐好月子，減輕產婦心理上的焦慮與壓力，因為母親的身心健康會直接影響嬰兒的身心健康。

本書的完成特別感謝林孟傑賢伉儷的主催及台灣米其林 KELLY 的紀錄，更要感謝名廚冠軍隊伍：青青餐廳施建發、奇真廣場張和錦、宜蘭渡小月陳兆麟、花蓮銘師傅莊忠銘、新天地吳文智等大師義不容辭的鼎力相助，坊間的月子書滋養而不可口，大師們的手藝創意非同小可！坐月子要吃得好；脫胎換骨、美容養顏補回來！就靠這本坐月子食譜啦！

坐月子養生觀念

自古以來，中華民族對於「延嗣」（傳宗接代）極為重視，如何加強或恢復婦女產育能力也倍受關注，而產後坐月子，便是確保婦女身強體健的重要方式之一。

何謂坐月子？這是婦女在生產過後休息調養身心的習俗，時間約一個月，故稱坐月子。粵語稱坐月，台語稱做月內，客語稱做月子；依各地民情風俗不同，也有四十天、兩個月和一百天的差別。根據現代醫學所描述，生產者從其胎盤娩出到生殖器官完全恢復舊貌，約需六至八週的時間，稱為「產褥期」。古書中也有「彌月為期、百日為度」的說法。因此，現在所指的「月子」約為 42 ～ 56 天。

中醫對於坐月子的注意事項上，古籍中諸多描述。《張氏醫通・婦人門・產後》：「產後諸禁：一禁臥，二禁酒，三禁浴，四禁寒，……九禁起動作勞。」另《千金要方・婦人方・虛損》：「凡婦人，非止臨產須憂，至於產後，大須將慎。…產後之病，難治于余病也。婦人產訖，五臟虛羸，惟得將補，不可轉瀉。」中醫學認為，婦女在懷孕過程中，胎兒的成長對孕婦來說是很大的耗損。在分娩時，產婦因為用力、出汗及大量血液的流失，造成氣血虧虛，抵抗力減弱，而有「產後百骸空虛」之說。

產後應注意調補，若生活起居稍有不慎，極易引起產後疾病。因此，坐月子的目的是為了要讓產婦能藉由飲食、休息，來讓自己的氣血、筋骨以及生殖器官完全恢復健康。所以說坐月子雖然不能治百病，但是可以在關鍵時期，以食補、藥膳的方式和充份的休息及適當的運動，來改善自己身體的健康及體質。小產的人同樣需要適當中醫藥及藥膳調理，才能盡快回復健康，為再次懷孕做準備。

產婦在生產後七天左右會從子宮排出新陳代謝物，稱為「惡露」，傳統上產婦會待汙物排清後，才正式開始進補。

現今的社會形態、經濟條件與醫療水準都與過去的環境有所不同，關於現代人對於坐月子期間的調養也都有不同的看法。但以現代中醫觀點探察，其實多有依據，只要適當的修正或調整，一樣可以將產後的調理做得很好。

食療顧問
中醫藥醫學博士　伍游雅

林慧懿　老師

輔仁大學畢業，得到婆婆烹飪名家傅培梅真傳，一身好手藝配合靈活變化的創意，從事美食教學工作近三十年，頗受大眾歡迎；並曾為中央日報、民生報、中國時報撰寫美食專欄。

擔任電影「飲食男女」美食設計總策劃，導演李安曾讚譽她為中國的「JULIA CHILD」，該片曾獲奧斯卡提名為最佳外片，林慧懿功不可沒。旅居美國洛杉磯，為最受歡迎的電視廣播 am1300 主持人、美食家、生活家，著有「趣談食譜」「親子廚房」「實用家常菜」「巧手家常菜」「飲食男女」「焗烤 Baking Fun」「愛心飯盒」等食譜書。

榮獲傑出觀光貢獻有功人士獎、加州眾議員 Bob Hoff 受贈傑出亞裔領袖、美國駐聯合國前大使 Si-Chuen Siv 頒發 2010 烹飪文化大使獎章、Asian Chef News & 全美 Top 100 Chinese Restaurants Award 顧問。

施建發　師傅

青青餐廳負責人兼總經理，曾任中華美食交流協會第八屆理事長、Chain Des Rolisscurs 法國美食協會高級會員、Member The American Institute of Wine & Food 美國餐飲協會高級會員等，得獎紀錄無數，著有「阿發師傅的年菜」「廚神家常海料理」「廚神媽媽私房菜」「1995 年飲食男女食譜」等食譜書。

莊忠銘　師傅

花蓮銘師父美食小吃負責人暨研發部行政主廚，曾任中華美食交流協會理事、中華民國烹飪協會理事、全國技術士中餐檢定評審員、花蓮高商成教中心中餐證照班主任等，著有「銘師父上好菜」「創意銘師父的澎湃料理」等書。

吳文智　師傅

新天地餐廳行政主廚，並兼任「中山醫學大學」技術講師、靜宜大學觀光事業學系等餐飲學校技術講師。擁有中餐烹調乙級技術士、西餐烹調丙級技術士、中餐烹飪技術比賽國際評委等專業證照、中國高級烹飪技術士。2003 年台北中華美食展中以「中華美食交流協會」團隊名義一舉奪下「金鼎獎」，此後即於各屆中華美食展廚藝競賽中擔任中華美食交流協會教練一職。著有「廚神的開胃菜」、「做一碗好吃的冰」、「烏魚子創意料理」等書。

張和錦　師傅

奇真美食集團負責人及集團總裁，又稱水蛙師，累積三十多年的餐飲料理經驗，曾拿下台北中華美食展熱食組金牌獎、台北中華美食展名廚烹藝講座模範主廚、2002 年第四屆中國世界烹飪大賽團體組金牌獎等，著有「天府常育山川秀—川菜篇」「100 道名人愛吃的菜」等書。

陳兆麟　師傅

宜蘭渡小月餐廳、麟手創料理餐廳董事長暨研發部行政主廚，曾任 2009 年中華美食交流協會第八屆副理事長、2004 年北海道台灣美食節國宴創意師、2003 年宜蘭觀光美食節名廚召集人，得獎無數，經常受邀在各大美食節目示範演出，著有「海鮮總動員」「超人氣料理」「10 分鐘方便鍋」「宜蘭國宴」等書。

伍游雅　食療顧問

中國廣州中醫藥大學醫學系醫學博士，中學畢業後，赴大陸求學，除了學習中、西醫結合醫學各項學程，並在當地醫院內科病房擔任醫生，對於內科疾病的中醫藥治療有一定的心得及技能。畢業回台開始投入中醫養生食療方的研究與探討。近年來，多次赴國內的大學及餐飲學校講授「中醫五色養生菜餚的原理及應用」、「老人的飲食養生之道」等課程。

目　錄

2　作者序　林慧懿

4　食療顧問序　伍游雅

6　作者介紹

8　目錄

10　月子期間的調理

12　月子餐四大要角
　　　麻油 + 老薑 + 米酒 + 月子水

13　坐月子的傳說、由來、風俗

14　月子期間的保健

Part1 調養補品

第一週 代謝

19　生化湯

20　麻油菠菜豬肝

第二週 修復

23　腰子炒杜仲

24　麻油腰花

25　藥膳麻油腰片

第三週 滋補

27　麻油雞

28　麻油香菇素雞

30　黑豆酒燉雞

31　丹蔘紫米雞湯

32　四物尾當骨湯

33　紅 A 菜土雞湯

34　補乳鮮魚湯

35　黑棗人蔘大補土雞

36　冬瓜鰱魚湯

38　四神湯

40　青木瓜鱸魚湯

42　當歸黃耆鱸魚湯

44　人蔘芡實素排骨湯

46　粉光香菇棗雞湯

47　蓮藕薏仁素排骨湯

48　竹笙干貝烏骨雞

50　何首烏燉烏骨雞

52　香菇紅杞素肉丸湯

54　杜仲栗子素排骨湯

56　花生青木瓜豬腳湯

58　八珍排骨湯

60　三味補養雞

62　甘筍枸杞素雞湯

Part2 養生飯麵

66　羊里肌竹炭麵

67　小米松阪粥

68　茶油豬肝麵線

70　米糕

71　麻油雞飯

72　茶油肉片麵線

73　銀魚淮山粥

74　養生豬蹄粥

75　花生豬腳麵線

Part3 元氣藥膳

78　肉桂葉滷子排

80　紅糟鱸魚排

82　當歸生薑羊肉

84　豬母奶麻油松阪肉
85　甜煲薑豬腳
86　添丁豬腳
88　香酥蔘蹄雞
90　枸杞鮮蝦
92　人蔘仙境豬心
94　高麗菜枸杞羊肉
96　茶油紅蟳
97　麻油松阪肉
98　彩椒杏鮑雞柳
100　淮山排骨燉九孔

Part4 高纖時蔬

104　蒟蒻沙拉
106　素炒豆包
108　麻油豆皮
109　紅燒四喜豆腐
110　豆腐三色蘿蔔球
111　麒麟豆腐
112　西式煎蛋卷
114　茶油炒紅莧菜
115　菠菜麻油紅露酒水糖蛋

Part5 幸福甜品

118　桂圓紅棗甜湯
119　紅豆湯
120　紅糖小米粥
122　酒釀蛋湯圓
123　酒釀蛋

月子期間的調理

筆者以親身經驗對婦女產後溫補的建議如下：

生完孩子以後，身體自然比較虛弱，因此要吃麻油雞、勿食生冷。麻油雞可幫助子宮收縮、排除惡露。附著在子宮壁上的胎盤，生產後自然剝離下來，殘留的胎盤和子宮的褪膜會繼續剝落下來，再加上創口的血就叫惡露。惡露如果排不乾淨，就是毒留在體內。這時就要靠「生化湯」來幫助子宮收縮以排惡露。

各地方的人士也會隨著各地不同的氣候及環境作一些不同的料理搭配，例如：江浙人吃酒釀也喝蓮子紅棗桂圓紅糖水，福州人吃紅糟雞、紅糟蛋，北方人則吃紅糖小米粥、白煮蛋，紅糖的鐵質是白糖的三倍，有活血化瘀消腫的作用；喝米酒水則在台灣十分流行。

催乳的飲食調整

哺餵母乳對小嬰兒的生長發育特別好，可以提供天然的營養增強新生兒的免疫力；有些產婦，乳汁分泌較為不足，飲食上就必須著重增加一些催乳食品與催乳藥膳。如果是由於產婦體質虛弱，或者是因為脾胃功能失調，而導致乳汁稀少，可透過補中益氣、健脾理胃的食補來增加乳汁分泌，像是鯉魚湯、鯽魚湯等魚湯料理都很適合。如果乳汁不多是由於乳汁堵塞，出現乳房脹痛甚至是乳腺炎的症狀，則必須應用藥膳，必要時，要求助醫生進行治療。

ps 婦女做月子時，應給嬰兒做定期健康檢查，查看有無不健康異常情形，並及早治療或改善，萬勿拖延病情；有些女嬰有乳頭內陷情形，應該及早擠出或吸出，以免影響未來發育及美觀。

月子餐常用食補與藥膳

【生化湯】生化湯包括「當歸」補血和中;「川芎」散瘀行氣止痛;「桃仁」化瘀通血;「薑」行氣止痛、「炙甘草」調和諸藥;針對產後虛瘀並見的體質,生化湯具有極佳的雙向調節作用,西方醫學也證明生化湯能使子宮的復原更好。

【豬肝】可以幫助子宮排出污血及老廢物,促進子宮收縮,使惡露排淨,以恢復子宮正常功能。

【豬腰】吃腰補腰,可以幫助產婦促進新陳代謝,恢復體力,預防產後腰酸背痛。

【麻油雞】包含雞、黑麻油、酒、薑。雞含豐富的優質蛋白、黑麻油含豐富不飽和脂肪酸,抗氧化、清除膽固醇;薑利行血,易排除廢物;米酒含豐富磷質,能修復受損的細胞。

【烏骨雞】產後滋補麻油雞,以選擇烏骨雞為佳,烏骨雞比一般肉雞或土雞的脂肪更低,優質蛋白質更高,適合產後滋補,可補虛勞,益產婦,改善一切虛損諸病。烹煮時要選烏雌雞,不可選烏雄雞,烏雄雞是用來安胎的。

【添丁醋】廣東習俗一定要吃的添丁醋煮蛋、添丁豬腳對產婦都有很大的保養療效。

【催乳食補】青木瓜、胡蘿蔔、小排燉湯、酒釀蛋。薑絲鯽魚湯亦為催乳名菜,簡易清淡,喜魚厭肉者可煮此道以為食。

【花生豬腳】豬腳在傳統上就用來補血催乳,水煮花生配合來運胃健脾,可達發乳之用。

【黃耆當歸羊肉湯】自古有名的補氣血發奶藥膳,若再加入一些傳統通經絡、助下乳之中藥搭配,像是通草、王不留行等等,發乳的效果就更好。

麻油、老薑、米酒、月子水

月子餐四大要角

部分資料提供：台灣菸酒公賣局

傳統坐月子不可缺的四大要素，就是麻油、老薑、米酒及月子水，選擇低溫烘焙的優質麻油，將帶皮老薑慢火爆透，加上酒精成分已經煮至揮發的米酒水，就能做出天然且無鹽的美味月子餐。而且月子料理最好都不要加鹽或任何調味料，可以避免產婦體內水份囤積，影響到新陳代謝，使得身材不易恢復。

婦女在坐月子期間注重食補與藥膳能常保青春，小產及剖腹者坐月子應至四十天。頭一胎月子沒坐好還可利用下一胎產完好好坐月子，補還一個全新的靚女。

◎低溫烘培的黑麻油

低溫烘培的黑麻油，可以避免產婦便秘，同時也有去寒、補虛勞、養五臟、改善產後虛困的效果；如果擔心體質容易上火，也可以改用茶油。

◎連皮爆透的老薑

老薑是產後最好的補品之一。月子餐的老薑最好連皮使用，因為薑皮可以利尿消腫，連皮咀嚼後吃下去，可以有效預防產後便秘。老薑需用黑麻油爆透至四週起皺但又不能過焦，可幫助發汗、去寒氣。老薑中 13% 的水份也有利尿作用。

◎米酒

千萬不可使用加鹽料理米酒，也不建議私釀的米酒；坐月子的料理中，酒有促進血液循環的作用，中醫將它加在藥裡是作為「引經藥」，可以遍行全身有助於排惡露；適量的酒與肉類共同烹煮，更可促進其脂溶性成份的釋出，進而增加食慾或促進人體的消化與吸收。但若惡露已經乾淨，食物仍然用酒烹調，可能導致子宮不收縮、淋瀝不盡；若嬰兒喝了高濃度酒精的母乳，更可能會出現嗜睡、感覺異常甚至過度換氣的現象。因此建議，若直接使用米酒，要將酒精燒煮至揮發較好。

◎月子水

米酒水又稱月子水，台灣坐月子流行以月子水煮菜、煲湯水，為了使身體保暖通經絡，促進內臟機能活動；坐月子以高科技生化處理與中藥調和，由六瓶的 750ml. 米酒濃縮成一大瓶 1500ml.，不但能使料理的味道更香醇，對肝臟系統也有保健和調理作用。

説到坐月子，其實朔源有兩千多年的歷史；"月子房"在秦漢之時應已可見記載：坊間有不少的「坐月子中心」有方興末艾之勢，顯示了市場的需要之大，可見坐月子在中國社會文化中，是相當被重視的。

坐月子的傳說、由來、風俗

產婦坐月子時還有許多習俗十分溫馨

宋吳自牧 ＜ 夢梁錄 ＞育子卷二十中有紀錄：

杭城人家育子，如孕婦入月，於月初，外舅姑家以銀盆或彩盆，盛粟桿一束上以錦或紙蓋之，上簇花朵、通草、貼套，五男二女意思，及眠羊臥鹿，並以彩畫鴨蛋一百二十枚、膳食、羊、生棗、栗果，及孩兒繡繃彩衣，送至婿家，名「催生禮」。足月，既坐蓐分娩，親朋爭送細米炭醋。…女家與親朋俱送膳食，如豬腰肚蹄腳之物。至滿月，則外家以彩畫錢或金銀錢雜果，及送彩段珠翠凶角兒食物等，送往其家，大展「洗兒會」。親朋俱集，煎香湯於銀盆內，…「圍盆紅」。尊長以金銀釵攪水，名曰「攪盆釵」。親賓亦以金錢銀釵撒於盆中，謂之「添盆」。盆內有立棗兒，少年婦爭取而食之，以為生男之征。浴兒落胎發畢，以發入金銀小合，盛以色線結絛絡之，抱兒遍謝諸親坐客，及抱入姆嬭房中，謂之「移窠」。若富室宦家，則用此禮。貧下之家，則隨其儉，法則不如式也。……至來歲得周，名曰「周晬」，其家羅列錦席於中堂，燒香炳燭，頓果兒飲食，及父祖誥敕、金銀七寶玩具、文房書籍、道釋經卷、秤尺刀剪、升鬥戥子、彩段花朵、官楮錢陌、女工針線、應用物件，並兒戲物，卻置得周小兒於中座，觀其先拈者何物，以為佳讖，謂之「拈周試晬」。其日諸親饋送，開筵以待親朋。

民間一般都有洗三朝、報喜、送庚、做滿月的習俗

清代崇彝《道鹹以來朝野雜記》："三日洗兒，謂之洗三。"據說，這樣可以洗去嬰兒從"前世"帶來的污垢，以求今生平安吉利也為嬰兒潔身防病。水中還要放石頭、銅幣、艾草等，求嬰兒『頭殼堅、身體健』。蘇軾添第四子亦曾洗三，並往賀朋友孫子的洗三禮，有《賀子由生孫》詩"昨聞萬里孫，已振三日浴"之句，整個兩宋時代，君臣都有很高的文化水準。洗三朝這天婆家還要宴請送禮的親朋。
然後是「報喜」，婆家要在小孩出生的三至七天之內，去娘家報告好消息，娘婆二家親朋前往慶賀，一般禮品有雞、蛋、面、酒、紅糖、油飯、桂圓等，現多送禮錢。婆家報喜一般要拿"喜茶"。喜茶是油飯、報喜的紅蛋等。產婦坐月子，避風避寒，不下生水，不吃冷食，多吃麵條、母雞、雞蛋。滿月之後，視產婦身體狀況而解禁。娘家得到消息與禮物後，會把禮物分給親友，也有通知的意思。
接著娘家在產後第十二天回送禮物到婆家：叫「送庚」，主要是坐月子時要吃用的物品，生雞、酒、麻油、米、麵、嬰兒衣用品等等。
最重要的當然是慶「滿月」，滿月時會請客，宴請親友、還送親友油飯、紅蛋、年輕人喜歡送蛋糕，在鄉下收到油飯，並不全收下來、故意留些油飯，再還一小袋米或花生、紅棗或紅包。

月子期間的保健

一、個人衛生

注意保暖。避免吹風受涼，不要碰冷水，不宜用冷水洗澡，不可洗頭，即使洗頭馬上吹乾也不宜。衣服應厚薄適宜，避免過熱、汗出過多。

產婦於坐月子期間感受風寒所設，俗稱「月內風」。狹義的「月內風」，專指月子內產婦感冒的現象；而廣義的「月內風」，則泛指了產婦在坐月子期間發生的各種病痛，包括頭痛、頭暈、筋骨酸痛、肌肉無力、手足冰冷、容易感冒等症狀。中醫認為「風為百病之長」，意指人體一旦感受風邪，則百病叢生，而若發生在月子期間，由於產後身體狀況本即虛弱，再加上上述疾患纏身，非但月子坐不好，體力難以恢復，這些病痛更將終身難治癒。

剛生產後的產婦，最好不要沐浴洗頭，中醫說「浴能升動惡露，雖當夏月，亦須禁之」，因此惡露未乾淨前只好先行忍耐，因會造成惡露羈留，無法排出。

14

二、運動

過去有「產後七日內，毋行走以傷筋骨。」禁爬樓梯、彎腰、蹲、屈膝、盤坐的說法，應是怕產婦過度勞累所設。

產後進行上述動作有可能造成關節韌帶過度延展或鬆弛，因此，生產後一至二週內不宜做過度伸展與劇烈的運動，只需稍微活動筋骨，促進氣血循環便可，至於加強活動量則以三週後較為適宜。

三、情緒

「產後最忌大喜、大怒」，這應是老一輩怕產婦發生「產後憂鬱症」所設的限制。古人發現情緒的過度反應，均會損及人的五臟六腑而導致生病。喜則氣散、怒則氣逆、恐致虛驚，都說明了過度情緒宣洩，對於產婦的身體康復影響最大；所以，產婦在坐月子期間需要保時心情舒暢，以利身體盡早恢復。

四、房事生活與工作

古有「百日內忌夫妻交合，犯者終身有病」、「須至滿月，方可照常理事」的說法，如在產後七日內行房易感染骨盆腔炎、子宮出血及會陰撕裂，嚴重者引起敗血症。最好能在子宮復原完成後才行房。否則，恐怕造成許多產後的疾病。

因為產後婦女的身體恢復約需六至八週的時間方可恢復，因此建議，八週後再恢復工作與房事生活，應是比較恰當的。

Part 1
調養補品

對於產後的飲食，自古即有明訓：如「毋食冷硬物」、「毋食重濁、辛熱、生冷」、「外薄五味、大冷、大熱，謹節飲食」。中醫認為分娩時耗氣失血，產後最易受病，此時若攝取太多偏頗屬性與味道過重的食物，易增加母體自我調節與代謝的負擔。

飲食守則
勿食堅硬粗糙的食物

如蠶豆、炒花生、瓜子、竹筍、芹菜、牛筋、牛肉乾等。生產之初，牙齒較脆易受損傷，較粗糙之食物宜避食。

媽咪疑問 ??

Q. 很熱的時候可以吃冷掉的餐點嗎？

A. 食物一定要煮熟，溫熱食用。若一次吃不完，也要保溫或再加熱，不可涼冷入口。

Q. 剖腹產的媽咪可以喝生化湯嗎？

A. 醫生若給予子宮收縮劑，則不建議再服用；特殊體質可服 3-5 帖助排出惡露，不宜太重。

產後一週以內：內臟移位、子宮縮小、胃腸支撐力下降，飲食宜平補，重點在促進新陳代謝、調整腸胃功能、減少體內水分囤積、促進子宮收縮，食物宜易消化、不油膩，同時要先避開高纖食物，傳統月子餐以麻油豬肝為進補要項，其他如雞湯，魚湯、排骨湯都可搭配食用。

第一週　代謝

◎建議膳食：

生化湯：每日一碗

麻油豬肝：每日至少一碗

魚類：剖腹產可吃鱸魚：每日一碗

紅豆湯：每日一碗

五穀薏仁飯：每日一碗

林慧懿◎烹調製作

生化湯。

食　材：當歸15g、川芎18g、桃仁(去心)1.5g、黑薑1.5g、炙甘草1.5g

作　法：

1. 將月子米酒 700 cc 連同上述藥材，以慢火熬煮一小時後，將約 200 cc的藥倒出備用。

2. 以煮過的藥材，再加入米酒 350 cc，以慢火熬煮半小時至約剩 100 cc的藥酒。

3. 將 1 和 2 混合在一起，裝進保溫瓶中，分 3 次在一天中喝完，可配麻油煎豬血糕食用以增飽足感。

tips

生化湯是由當歸、川芎、桃仁、炙甘草及黑薑五味藥所組成，其功用是「生新血、化瘀血」，促進子宮排出瘀血。中醫師表示，生化湯可於產後四十八小時開始使用，一般自然產順產的婦女，約需用 5-7 帖左右，每帖兩劑，分早晚煎服。剖腹產者，由於手術時醫師已將胎盤取乾淨，用藥不需像自然生產那麼多。應用視產婦體質，以及惡露排出的狀況略做調整，若血色黑、不順暢，或是有腰痠，胎盤剝落情況比較糟等，有時還需要酌加活血化瘀等藥物調整之。

麻油菠菜豬肝。

施建發 ◎ 烹調製作

食　材：豬肝 300g、菠菜 200g、枸杞 5g、鹽少許

調味料：黑麻油 30g、老薑末 20g、米酒 20g
　　　　　醬油膏 10g、細白糖 5g

作　法：

1. 豬肝切厚片，枸杞泡熱水備用。

2. 菠菜切段放入熱水中，加入少許鹽、油汆燙熟放入盤中。

3. 黑麻油放入鍋中炒香老薑末，加入豬肝片炒到七分熟。

4. 接著加入枸杞和全部調味料，炒熟後排入菠菜上即可。

tips　豬肝可以幫助子宮排出污血及老廢物，促進子宮收縮，使惡露排淨，以恢復子宮正常功能。

產後一週以後至兩週：以溫補的藥膳為主，調理目的在於幫助調節生理機能、預防腰部及筋骨酸痛、促進新陳代謝、改善產後不適、強化產後收縮復原，麻油炒腰仔、杜仲腰仔湯是本週的主要進補要項，也可食用麻油炒桂圓。

第二週　修復

◎建議膳食：
麻油腰花：每日一附
魚類：剖腹產可吃鱸魚：每日一碗
紅菜：每日一份
紅豆湯：每日一碗
紫米福圓粥：每日一碗
糯米油飯或五穀薏仁飯：每日一碗

莊忠銘 ◎ 烹調製作

腰子炒杜仲。

食　材：腰花 1 附、杜仲粉 20g、月子水 150 cc

作　法：

1. 將腰花改成花刀後放入滾水中汆燙備用。

2. 杜仲粉、月子水、腰花加入炒熟即可。

tips

中醫認為，杜仲味甘微辛、性溫，有暖子宮、補肝腎、強筋骨、安胎、促腰膝、降血壓等功效，對肝腎虛弱而致的腰痛、孕婦腰痛、胎動不安、習慣性流產，都有很好的療效。

麻油腰花。

林慧懿 ◎ 烹調製作

補氣藥膳

24

傳統藥膳觀念吃腰補腰，可以幫助產婦促進新陳代謝，恢復體力，預防產後腰酸背痛。

食　材： 腰花 30g、老薑片 10g、麻油 1 大匙
　　　　　米酒 2 小匙、月子水半杯

作　法：

1. 豬腰花橫剖兩半，切除中間白筋以除辛氣。

2. 在豬腰外邊光滑面切花，洗淨後沖多次水，再用沸水燙過瀝
　 出。

3. 鍋內放入麻油，中火加熱炒薑片至乾香，放下腰花，加米酒、
　 月子水煮滾即起鍋。

藥膳麻油腰片。

施建發 ◎ 烹調製作

麻油在中醫上有補肝腎、潤五臟的效果。

食　材：腰子 1 付、新鮮菌蕈 150g、黑麻油 1 大匙
　　　　　枸杞 10g、太白粉水 1 大匙

藥　材：黨蔘 5g、人蔘 8g、當歸 5g、桂皮 5g
　　　　　紅棗 3 粒、米酒 50g

調味料：細冰糖 5g、醬油 15g、鹽 2g

作　法：

1. 腰子切薄片泡冰塊水。

2. 將腰子和新鮮菌蕈一起放入滾水中，汆燙後備用。

3. 藥材洗淨後一起放入蒸籠蒸 1 小時，撈出中藥後放入枸杞備用。

4. 鍋中加入 1 大匙黑麻油，放入腰子和新鮮菌蕈炒熱。

5. 再加入枸杞中藥汁和全部調味料，炒熟後加入太白粉水即可。

產後第三週之後：進入產後大補期，要多多補充營養、滋補強身，這時才開始吃麻油雞，以及其他營養豐富的燉補品，調理目的在於產後體力滋養、食補理氣、預防老化。

第三週　滋補

◎建議膳食：

麻油雞：每日二碗

魚類：剖腹產可吃鱸魚：每日一碗

青菜：每日二碗

紅豆湯：每日一碗

紫米福圓粥：每日一碗

糯米油飯或五穀薏仁飯：每日一碗

全麥麵線：每日一碗

林慧懿 ◎ 烹調製作

麻油雞。

食 材：土雞半隻或雞腿 2 支、老薑片 4 兩
麻油 5 大匙、米酒 半瓶

作 法：

1. 雞肉剁小塊洗乾淨，老薑洗乾淨再切成片狀。

2. 起油鍋到入麻油，放老薑下鍋爆香至周圍略焦，將雞肉下鍋
   一起拌炒，待雞肉表面稍微焦黃即可起鍋。

3. 將炒好的雞肉跟薑片一起移到波動能能量陶瓷鍋中，加入
   水 1500cc、米酒半罐 (米酒多少隨意，可以加水各人喜好增
   減)，蓋上鍋蓋煮沸。

4. 麻油雞煮沸後再滾約 20 分鐘即可。

tips　麻油性屬溫熱，可避免產婦便秘，也可去
寒、補虛勞、養五臟、改善產後虛困。

麻油香菇素雞。

吳文智 ◎ 烹調製作

食　材： 香菇 10 朵、素雞 200g、長豆 150g
金針菜 150g

作　法：

1. 長豆洗淨切段；香菇、金針菜泡軟；素雞切厚片狀備用。

2. 鍋置火上，放入麻油燒熱，加入薑絲及素雞輕炒數下。

3. 接著加入適量清水，與香菇、長豆、金針菜一起煮。

4. 待香菇、長豆、金針煮熟軟後，用適量的鹽調味即成。

 tips　產後皮膚過敏現象的人，不宜食用香菇。

 此菜營養豐富，香菇含用多種酶和 18 種胺基酸等多種營養素，具有益氣、補虛、健脾和胃的作用。素雞含豐富的蛋白質。

莊忠銘 ◎ 烹調製作

黑豆酒燉雞。

黑豆味甘，在中醫運用上有活血化瘀、利水祛風等功效，適合水腫脹滿、浮腫、腰腿痠痛軟弱的人食用。

食　材：黑豆 150g、米酒 3 杯、牧草雞 1 隻（約 1500g）
　　　　月子水 300cc

作　法：

1. 黑豆在鐵鍋中用慢火乾炒 50 分鐘，炒至香味出來，加入米酒浸泡三個月至半年。

2. 將浸泡好的黑豆酒與月子水、全雞一起燉煮，煮滾後轉小火 1 小時即完成。

丹蔘紫米雞湯。

莊忠銘 ◎ 烹調製作

補氣藥膳

31

紫米又稱為黑糯米，營養豐富、香氣特殊，有滋陰養胃、補中益氣、健脾暖肝、明目活血的功能；孕婦、產婦常常有貧血的問題，不妨多多食用。

食 材：丹蔘 40g、烏骨雞 1 隻（約 1500g）
長糯米與紫糯米 90g
紅棗 10 粒、月子水 800 cc

作 法：

1. 將花蓮丹蔘、長紫糯米放入烏骨雞腹內。

2. 加入紅棗、月子水燉煮三小時即可完成。

tips

丹蔘在中醫上有活血化瘀、涼血消腫、排膿、生肌等功效，主治月經困難、產後惡露。

莊忠銘 ◎ 烹調製作

四物尾當骨湯。

補氣藥膳

32

四物的功效為養血疏肝、補血調經，多用在婦女月經不順，是調經的基礎方，同時它也能補血，可用於胎前腹痛下血、產後血塊不散、惡露不止等。

食　材： 豬尾骨 225g、四物 1 帖

作　法：

1. 豬尾骨切成小截，放入滾水中汆燙。

2. 將四物及豬尾骨放入鍋中，加水 300 cc，燉煮 2 小時即可。

tips　四物所含的藥材有川芎、熟地、白芍及當歸，有時也會加入黑棗、枸杞、北耆及黨蔘。

紅Ａ菜土雞湯。

陳兆麟 ◎ 烹調製作

補氣藥膳

紅Ａ菜又稱鵝菜，有通乳汁、消水腫等功能，與土雞共煮，特別適合產婦感冒後食用。

食 材： 紅Ａ菜 600g、土雞 1 隻 (約 1500g)
米酒 1 瓶、開水 2 公升

作 法：

1. 土雞洗淨後再以少許米酒沖洗備用。

2. 紅Ａ菜洗淨後，塞入土雞腹中，放入砂鍋中。

3. 加入米酒 1 瓶、開水 2 公升，蒸 3 小時後即可食用。

補乳鮮魚湯。

補氣藥膳

產婦可多以魚湯等湯水食療，有助於加強乳汁的供應。

食　材：枇杷旗魚 600g、豆腐 1 塊

調味料：客家米醬 2 大匙、米酒 200 cc

作　法：

1. 枇杷旗魚切塊洗淨，放入滾水中汆燙備用。

2. 豆腐切塊後，放入滾水中汆燙備用。

3. 取鍋放入水 3 公升煮沸，加入魚塊、豆腐、米醬煮至熟。

4. 加入米酒即可。

 tips 鮮魚可以促進產後及手術傷口癒合。

黑棗人蔘大補土雞。

陳兆麟◎ 烹調製作

大棗在台灣常見有黑棗、紅棗之分，中醫上認為黑棗具有補腎養胃、養血補中的作用。

食　材：土雞 1 隻 (約 1500g)、黑棗 12 個
人蔘 1 條、茯苓 1 片

調味料：米酒 1 瓶、冰糖 1 大匙

作　法：

1. 所有材料洗淨備用。

2. 將土雞洗淨，再以米酒沖洗後，放入砂鍋備用。

3. 將黑棗、人蔘與茯苓一起加入砂鍋中。

4. 加入米酒、冰糖和水 1 公升，蒸 3 小時即可。

冬瓜鰱魚湯。

陳兆麟 ◎ 烹調製作

食　材：冬瓜 1200g、鰱魚 1 條、胡蘿蔔 50g

調味料：鹽少許、米酒少許

作　法：

1. 冬瓜去皮切塊。

2. 將鰱魚洗淨切塊，放入滾水中氽燙備用。

3. 起鍋加水 3 公升，加入冬瓜、胡蘿蔔與鰱魚塊煮熟。

4. 以少許鹽及米酒調味後即可食用。

tips

冬瓜味甘，可幫助消除小腹水脹、利尿去濕、健脾益氣。「食療本草」上說：「欲得體瘦輕健者，則可長食之，若要肥，則勿食也。」想要體態恢復輕盈的產婦可以參考。

四神湯。

林慧懿 ◎ 烹調製作

食　材：豬小腸 300g、小肚 2 個、豬蹄 1 支、薏仁 38g
伏苓 38g、蓮子 38g、芡實 38g、淮山 38g
米酒 1 瓶、豬骨高湯 8 杯、鹽 1 小匙
新鮮山藥 60g、川芎或當歸 2 片、紅棗 5 個

酒　料：米酒 1 杯、當歸 3 片、枸杞 2 大匙

作　法：

1. 先將豬小腸、小肚洗淨切段，與豬蹄一同汆燙後沖冷水瀝乾備
用。

2. 鍋中燒熱水置入豬小腸、小肚、豬蹄煮約半小時。

3. 接著加入薏仁、伏苓、蓮子、芡實、淮山、新鮮山藥、紅棗、
川芎或當歸、豬骨高湯、鹽與米酒，一起再續煮約半小時即可。

4. 將酒料浸泡於杯中，食用時酌量加入風味更佳。

tips

※ 因四神湯在燉煮時，其酒味多已隨蒸氣而
揮發，若在食用前酌量加入加味酒，風味
特佳。餵奶者不須加酒料，以免嬰兒喝醉。

※ 四神湯是台灣有名的小吃，是用豬小腸和
中藥「四臣子」：淮山、蓮子、茯苓、芡
實燉煮的養身湯，因發音相近，故稱為四
神湯，四神湯能幫助體力和食慾的增強，
加些新鮮山藥風味更佳。

青木瓜鱸魚湯。

吳文智 ◎ 烹調製作

食　材：青木瓜 50g、鱸魚 300g、薑 10g

調味料：米酒 25 cc、鹽 5g

作　法：

1. 青木瓜去核、去皮、切塊備用。

2. 鱸魚洗淨取下魚菲力 (魚肚肉) 並切成魚片備用。

3. 鱸魚骨切塊並放入滾水中汆燙洗淨放入鍋內，加入青木瓜、
   適量的水及薑片，用電鍋煮 20 分鐘後，去除鱸魚骨頭保留
   湯及青木瓜備用。

4. 再用適量的水煮滾後，放入少許的鹽及米酒，將魚片放入，
   用小火煮 3 分鐘。

5. 最後將魚片放入青木瓜鱸魚湯中，並加入少許的鹽即可。

tips

婦女產後體虛力弱，如果調理失當，就會食
欲不振、乳汁不足。要滋補益氣，最好飲青
木瓜鱸魚湯，因為鱸魚能補脾益氣，配以木
瓜煲湯，則有通乳健胃之功效，最適合產後
婦女飲用。

當歸黃耆鱸魚湯。

施建發 ◎ 烹調製作

食　材：鱸魚 1 尾 (約 400g)

藥　材：黃耆 35g、當歸 15g、枸杞 5g 、紅棗 5 粒

調味料：薑片 5g、米酒 10g、鹽 5g

作　法：

1. 鱸魚去鰓內臟洗淨，切成塊狀備用。

2. 放入藥材、薑片、米酒及水 4 大杯，以大火煮開。

3. 接著入鱸魚，改以小火煮至肉熟，再加鹽調味即可。

tips

當歸補血、黃耆補氣，此二者皆為中醫常用
的溫補藥材，與鱸魚共煮，可健胃強脾、補
血益氣，同時可改善產後手腳冰冷症狀，適
合產後貧血、食欲不振、乳汁稀少者服用。

人蔘芡實素排骨湯。

吳文智 ◎ 烹調製作

食　材： 素排骨 250g

藥　材： 人蔘 5g、芡實 15g、蓮子 (去心)15g
　　　　　紅棗 (去核)5 粒 、淮山 15g

調味料： 香油 5g、味酥3g、鹽 5g

作　法：

1. 素排骨放入滾水中汆燙洗淨，藥材洗淨。

2. 所有材料放入鍋內，加入 400 cc的水，入電鍋 20 分鐘。

3. 最後加鹽、味酥、香油調味。

tips　人蔘補益功效強，芡實可以幫人體祛濕，也
有補益脾腎的功效，與排骨煮成湯，具有補
氣養血、固攝乳汁的功效。可用於防治產後
氣血不足、乳汁自出等症。

吳文智 ◎ 烹調製作

粉光香菇棗雞湯。

補氣藥膳

46

粉光蔘又名西洋蔘、花旗蔘，在中醫上有滋陰補肺、生津止渴等作用，但易腹瀉者不宜。

食　材：雞腿 1 支、香菇 4 朵

藥　材：粉光 1 茶匙、紅棗 7 粒

調味料：鹽 5g、米酒 10g

作　法：

1. 香菇泡軟，去蒂、切半；紅棗洗淨備用。

2. 雞腿洗淨切塊，放入滾水中汆燙後撈起瀝乾。

3. 雞腿塊、香菇及紅棗入鍋中，加粉光與適量水，大火煮開後轉小火續煮 25 分鐘。

4. 最後再加鹽、米酒煮約 3 分鐘即可。

tips

補肺降火，養胃生津，特別適合燥熱體質者涼補用。

蓮藕薏仁素排骨湯。

吳文智 ◎ 烹調製作

薏仁可健脾益氣、除濕清熱，適合產後身體體質濕盛、貧血，或者曾患水腫的產婦。

食　材：蓮藕 300g、素排骨 100g

藥　材：薏仁 50g

調味料：鹽 5g

作　法：

1. 蓮藕洗淨去皮、切滾刀塊，素排骨先用沸水放入滾水中汆燙備用。

2. 薏仁泡水約 1 小時備用。

3. 鍋內放入蓮藕、素排骨、薏仁、枸杞和 600 cc的水，用小火煮至軟，再加入少許鹽調味即可。

tips　蓮藕生吃為涼性，經過烹調顏色轉為黑褐色時，屬性就轉為溫性，因此蓮藕最好煮過才食用，具有緩和神經緊張的作用。

竹笙干貝烏骨雞。

吳文智 ◎ 烹調製作

食　材： 烏骨雞腿 300g、竹笙 4 支、干貝 6 粒

調味料： 薑 10g、米酒 5g、鹽 3g

作　法：

1. 干貝洗淨後在加入溫水中泡開。

2. 竹笙用剪刀剪成 1 公分小段，泡水約 15 分鐘，撈出，放入滾水中汆燙備用。

3. 烏骨雞腿洗淨，切成塊狀，放入滾水中汆燙，撈出備用。

4. 薑去皮並切片，將做法 3 一起放入電鍋內鍋中，加入干貝、竹笙、米酒和 3 杯水。

5. 移入電鍋，外鍋加 2 杯水，燉煮至開關跳起，並加入鹽調味即可。

tips

※ 干貝有穩定情緒的作用，可改善產後憂鬱。

※ 產後病人往往身體虛弱，氣血雙虧，因而應多吃雞等補品，可益氣補血，活血化瘀。
此湯清燉，可促進乳汁分泌，並可消除疲勞、增強體力。

何首烏燉烏骨雞。

施建發 ◎ 烹調製作

食　材：烏骨雞 300g、何首烏 15g

藥　材：當歸 3g、枸杞 5g、紅棗 5 顆、黃耆 5g

調味料：米酒 25g

作　法：

1. 將雞肉切成塊狀，放入滾水中汆燙後洗淨備用。

2. 將全部藥材洗淨，將雞肉、米酒及 500 cc的水，一起放入電鍋內鍋中。

3. 外鍋加入 2 杯水，燉煮至開關跳起並加入鹽調味即可。

tips　烏骨雞能益氣補血，又含極佳優質蛋白質，尤適合產後體質虛弱者，可促進體力之恢復。

何首烏味苦性平，中醫視為補血祛風要藥，具有補肝腎、潤腸通便等功效，久服可烏髮駐顏。

香菇紅杞素肉丸湯。

施建發 ◎ 烹調製作

食　材： 乾香菇 30g、素肉丸 200g

藥　材： 紅棗 5 粒、枸杞 5g

調味料： 薑 10g、鹽 5g

作　法：

1. 乾香菇泡熱水備用，紅棗、枸杞洗淨。

2. 取 400 cc 的水放入鍋內，放入香菇及香菇水、素肉丸、紅棗、枸杞、薑及調味料，放入電鍋中 20 分鐘即可。

tips 適合血液循環不好、手腳冰冷、常覺得疲累、體質虛弱的人喝。

紅棗味甘性溫，有補中益氣、養血安神的功能；枸杞的主要功效則為滋腎、潤肺、明目。

杜仲栗子素排骨湯。

施建發 ◎ 烹調製作

食　材： 素排骨 300g、生栗子 30g

藥　材： 杜仲 10g

調味料： 鹽 5g

作　法：

1. 素排骨放入滾水中汆燙，栗子洗淨備用。

2. 杜仲以清水沖淨後，加入素排骨、栗子與水 400 cc，一起放入電鍋。

3. 外鍋加入 1 杯水，燉煮至開關跳起並加入鹽調味即可。

tips 用了杜仲的湯品，可以幫助消除酸痛，適合孕婦安胎、產婦坐月子保養顧身。

栗子有補腎氣、厚腸胃之效，但吃多了不好消化。

花生青木瓜豬腳湯。

施建發 ◎ 烹調製作

食　材：豬腳 500g、花生 80g、青木瓜 300g

調味料：薑 10g、蔥 10g、八角 3g、酒 15g、鹽 5g

作　法：

1. 豬腳切塊洗淨，放入滾水中汆燙備用；蔥洗淨、切段備用。

2. 青木瓜去皮、去籽並切成塊狀；花生放入滾水中汆燙、去薄膜備用。

3. 準備燉盅，將豬腳、青木瓜、花生、薑、蔥、八角、酒、同時放入鍋中。

4. 加水 600 cc放入電鍋中，外鍋加入 2 杯水，燉煮至開關跳起，再燜約 30 分鐘等熟爛，調味後即可。

幫助產後體虛、便秘等症狀的康復，花生豬腳加上青木瓜，都具有通乳功效，能有效幫助母乳分泌。

八珍排骨湯。

施建發 ◎ 烹調製作

食　材：排骨 250g

藥　材：當歸 6g、川芎 4g、白芍 7g、熟地 6g、黃耆 6g
　　　　黨蔘 7g、茯苓 9g、枸杞 6g、黑棗 3 粒

調味料：麻油 15 cc、老薑 15g、米酒 50 cc

作　法：

1. 所有藥材以布包，略以水沖淨。

2. 麻油熱鍋，老薑爆香，加入排骨略炒。

3. 放入水煮沸，加入藥材包及適量米酒，放入電鍋 40 分鐘。

4. 挑出藥材包即可食用。

tips

※ 氣血虛弱型的婦女，若是發生產後貧血、
　面色蒼白，有頭暈、心悸、倦怠、腰酸、
　手足冰冷，不妨多食用本湯品補中益氣。

※ 八珍湯為四物湯（補血）+ 四君子湯（補
　氣）組成，為氣血雙補之方。

三味補養雞。

吳文智 ◎ 烹調製作

食　材：母雞 250g

藥　材：當歸 4g、黨蔘 4g、益母草 5g

調味料：薑 8g、鹽 3g、蔥 10g、米酒 15 cc

作　法：

1. 將全當歸、黨蔘、益母草，用乾淨紗布袋包好，扎口。

2. 將母雞洗淨切塊，放入沸水中燙 3 分鐘。

3. 取燉鍋加入 300 cc的水、酒、調味料及藥材包，放入電鍋中約 20 分鐘。

4. 蒸至雞肉全爛時，挑出藥材包，即可食用。

中醫將益母草視為婦科經產要藥，有活血調經的功能，可用於婦女胎前產後諸疾，因而有「益母」之稱。

甘筍枸杞素雞湯。

吳文智 ◎ 烹調製作

食　材： 素雞 300g、龍眼肉 30g、甘筍 (紅蘿蔔)1 條

藥　材： 枸杞 20g、竹笙 4 支

調味料： 薑 10g、鹽 5g

作　法：

1. 枸杞浸洗乾淨，甘筍去皮，洗淨後切滾刀塊狀。

2. 竹笙用剪刀剪成 1 公分小段，泡水約 15 分鐘，撈出後，放入滾水中汆燙備用。

3. 素雞洗淨切塊，連同其他材料一併放入鍋內煮滾後，再用小火煮 20 分鐘，起鍋前加鹽調味即成。

tips　產後血虛，身體不適，常覺頭暈、心跳、失眠、耳鳴、食慾不振，多飲甘筍枸杞素雞湯，可滋補虛弱身體，寧心安神，不再失眠兼晚晚好睡。

甘筍即為紅蘿蔔，含豐富維他命 A、B、C，是產婦最佳菜色之一。

Part 2
養生飯麵

傳統月子餐有三大元素：麻油、老薑、米酒，其中麻油可補中益氣、老薑可去寒且幫助排便，米酒則可做為藥引；而產後的每日主食以養生飯麵為主，若能以全穀類食物取代白米更好。

飲食守則
勿食油膩及粘滯的食物

如粽子、糯米糕，如要吃則務必煮至軟爛。產後胃腸張力及蠕動均較弱，過於油膩之肥肉及動物油應忌食。

媽咪疑問??

Q. 體質比較熱的人也
　可以吃麻油嗎？
A. 麻油有潤燥、散惡
　血的作用，只要適
　量使用就可以吃。
　擔心的人可以茶油
　取代。

Q. 醫生為何說我不能
　吃麻油和米酒料理？

A. 傷口若有紅腫熱痛，
　禁止吃麻油或酒煮的
　食物。

羊里肌竹炭麵。

養生飯麵

66

竹炭麵的黑色賣相十分搶眼，搭配在月子餐的飯麵主食中，可以多些變化刺激食慾。

食 材：羊里肌 100g、竹炭麵 420g、麻油 1 茶匙、薑片 3 片

作 法：

1. 羊里肌切薄片備用。

2. 倒入少許麻油將薑片爆香，再將羊里肌薄片放入炒熟。

3. 竹炭麵煮熟排盤即可。

tips 　羊肉可溫補氣血，很適合產後食用。

小米松阪粥。

莊忠銘 ◎ 烹調製作

養生飯麵

67

《本草綱目》提到小米能去脾胃中熱、利小便，同時也能改善有些產婦食慾不佳的問題。

食　材： 小米 75g、松阪豬肉 100g、枸杞 3g
　　　　鹽少許、糖少許

作　法：

1. 用原生種的小米泡水後洗淨煮成粥。

2. 加入松阪豬肉末及枸杞，放入少許鹽、糖調味即可。

tips　　小米的熱量較高，煮成粥對於產婦體力恢復十分有益。

茶油豬肝麵線。

張和錦 ◎ 烹調製作

食　材： 豬肝 150g、麵線 250g、枸杞 2g
　　　　　薑片 10g

調味料： 茶油 2 大匙、鹽 1 茶匙、雞粉 1 大匙

作　法：

1. 豬肝切片，放入滾水中汆燙備用。

2. 麵線放入滾水中汆燙撈起備用。

3. 以茶油爆香薑片，加入所有調味料、枸杞及豬肝，最後加入
　麵線拌勻即可。

tips

茶油好處多多，據中醫寶典《中國藥植志》、
《農政全書》等記載：苦茶子含有山茶苦（柑）
素、脂肪油，可清肝解毒、健胃、整腸，常
吃可預防高血壓的發生。

林慧懿 ◎ 烹調製作

米糕。

養生飯麵

70

糯米含有蛋白質、脂肪、糖類等豐富營養，可補中益氣、健脾養胃，對食慾不佳、腹脹腹瀉有適當的緩解作用。

食　材： 長糯米 3 杯、高湯 2 杯、油蔥酥 2 大匙、熟花生 1/2 杯
　　　　香菇 (泡軟)2 朵、麻油 1 大匙、鹽 1/4 茶匙
　　　　醬油 2 大匙

作　法：

1. 長糯米泡水 3 小時後濾乾備用。

2. 鍋熱後放麻油、加入油蔥酥略炒後放入長糯米、2 杯高湯，炒至米表面略熟。

3. 加入花生、香菇，下鹽及醬油調味，拌炒均勻後用電鍋蒸熟。

麻油雞飯。

張和錦 ◎ 烹調製作

老薑用黑麻油爆至黑褐色後，可發汗、去寒氣，富含纖維可預防產後便秘。

食　材： 仿土雞腿 1 支、長糯米 50g、薑 20g

調味料： 黑麻油 2 大匙、酒 2 大匙、雞粉 1 大匙、醬油膏 1 大匙

作　法：

1. 長糯米煮成糯米飯備用。

2. 鍋中加入黑麻油，爆香薑片及雞肉。

3. 接著加入所有調味料，再加入糯米飯拌入即可。

茶油肉片麵線。

米酒的用途主要是為了使身體保暖，通經絡，促進內臟機能活動。

食　材： 麵線 300g、豬肉 300g、老薑片 300g

調味料： 茶油 6 大匙、米酒少許

作　法：

1. 老薑切片備用。

2. 豬肉洗淨切片備用。

3. 麵線煮熟，拌入少許茶油後捲成圓形放入碗中，蒸五分鐘備用。

4. 豬肉、老薑片以茶油炒香，加入少許米酒拌炒後，淋於麵線上即可。

銀魚淮山粥。

張和錦 ◎ 烹調製作

淮山即為山藥，淮山粥有健脾開胃、固腸止瀉的效果，孕婦產後均可服食，脾胃虛弱者尤宜。

食　材： 銀魚 50g、淮山 50g、池上米 30g

調味料： 鹽 1 茶匙、雞粉 1 茶匙

作　法：

1. 池上米洗淨備用，淮山切丁備用。

2. 鍋中加入適量的水、池上米及山藥，煮 20 分鐘。

3. 接著加入調味料及銀魚，煮開即可。

tips　銀魚是一種高蛋白、低脂肪的食材，含鈣量高，適合產婦食用。

陳兆麟 ◎ 烹調製作

養生豬蹄粥。

豬蹄有通乳之效，煨爛之後特別可口，搭配粳米煮成粥，可補胃氣、充胃津。

食　材：豬蹄 1 支 (約 1500g)、當歸 10g、粳米 100g
　　　　蔥花少許

調味料：鹽 1 茶匙

作　法：

1. 豬蹄洗淨刮毛，切塊放入滾水中氽燙備用。

2. 豬蹄入碗中與當歸煎取濃湯，煨爛撈出。

3. 加入粳米一同煮成粥後，加鹽調味後，拌少許蔥花即可。

花生豬腳麵線。

林慧懿 ◎ 烹調製作

豬腳搭配水煮花生來運胃健脾，可達發乳之用。

食　材： 豬腳 2 支、生花生 600g、麵線 200g
當歸 20g、丁香 4g、鹽少許

作　法：

1. 花生洗淨泡軟、大火煮開轉小火熬半小時熄火燜軟。

2. 豬腳入滾水中汆燙去浮末、洗淨。

3. 將豬腳放入鍋中，加 10 杯水大火煮滾，改小火煮爛。

4. 當歸、丁香用水沖淨，與花生、麵線一同入鍋中和豬腳同煮，
待豬腳熟爛、湯汁濃稠即可。

Part 3
元氣藥膳

產後適合低鹽、低糖、高蛋白的飲食，魚、肉、蛋、奶、豆等營養豐富的食材都很適合，可搭配藥材烹調，增添香氣及美味度、補足元氣。

飲食守則
勿食堅硬粗糙的食物

如蠶豆、炒花生、瓜子、竹筍、芹菜、牛筋、牛肉乾等。
生產之初，牙齒較脆易受損傷，較粗糙之食物宜避食。

媽咪疑問？？

Q. 產後開始吃人蔘的
　時間點？

A. 人蔘種類多、藥性
　強，要避免在產後
　一週內吃，許多補
　藥也要小心服用。

Q. 產後的菜餚可以加
　鹽嗎？

A. 鹽的用量要控制，
　過鹹的食品有回乳
　作用，哺乳者口味
　宜偏淡。

肉桂葉滷子排。

莊忠銘 ◎ 烹調製作

食　材：肉桂葉 4 片、子排 75g

調味料：醬油 1 茶匙、月子水 150 cc、糖 1 茶匙

作　法：

1. 尋找野生肉桂葉取下葉子。

2. 葉子洗淨後放入鍋內，加入少許油略炒。

3. 再放入子排加入醬油、月子水、糖調味一起滷 40 分鐘即可完成。

tips　月子水以 6 瓶米酒濃縮成 1 大瓶，在料理上可使菜餚味道更香醇，對肝臟系統也有保健和調理作用。

紅糟鱸魚排。

張和錦 ◎ 烹調製作

食　材：鱸魚 300g、蔥 10g、薑 10g、地瓜粉 150g

調味料：紅糟 5 大匙、糖 1 大匙、酒 1 大匙

作　法：

1. 鱸魚加入薑、蔥及所有調味料醃漬入味備用。

2. 鱸魚排沾上地瓜粉，入油鍋炸至金黃色。

3. 將魚排切塊擺盤即可。

tips　紅糟中的紅麴成份，有活血化瘀、促進新陳代謝、潤腸溫胃等好處，同時有降膽固醇、降血壓等功效，更能為菜餚增添色澤及風味。

當歸生薑羊肉。

陳兆麟 ◎ 烹調製作

食　材：羊骨 900g、羊肉 600g、水 2 公升
　　　　老薑 300g、當歸 30g

調味料：米酒 300 cc

作　法：

1. 羊骨洗淨，放入滾水中汆燙備用。

2. 老薑洗淨拍碎；當歸洗淨；羊肉切片備用。

3. 以米酒及 2 公升水和羊骨、老薑、當歸一起慢火燉煮 2 小時，
　 取湯。

4. 取鍋將羊肉放入滾水中汆燙，加入當歸羊肉湯，再加入少許
　 米酒即可。

tips

《金匱要略》婦人篇載有當歸生薑羊肉湯，
是用來治療婦人產後血虛有寒，腹部綿綿作
痛的有名藥膳，可溫中止痛，散寒祛瘀。

豬母奶麻油松阪肉。

莊忠銘 ◎ 烹調製作

元氣藥膳

豬母奶即為馬齒莧，性寒滑，懷孕早期不宜食用，易引發流產，但臨產前多吃有助順產。

食　材：松阪豬肉 150g、豬母奶 50g、麻油 2 茶匙
　　　　薑絲 5g、水 200cc、鹽少許

作　法：

1. 松阪肉切薄片，豬母奶洗淨備用。

2. 麻油爆香薑絲後，放入松阪肉略炒，再放入豬母奶拌炒後，
　　加水煮開調味即可起鍋。

tips　　　豬母奶是野菜的一種，食用時以開白花的為主。

甜薑煲豬腳。

陳兆麟◎烹調製作

豬腳在傳統上就是用來補血催乳，產後哺乳可以多吃。

食　材：豬腳 1 支、生薑 250g

調味料：糖 500g、醋 500g

作　法：

1. 豬腳洗淨去骨取肉切塊，放入滾水中汆燙備用。

2. 生薑去皮切片。

3. 豬腳與生薑、糖、醋一起慢火煮熟即可。

添丁豬腳。

林慧懿 ◎ 烹調製作

食　材： 雞蛋 10 個、豬腳 1 支、豬手 1 支、老薑 3 大支

調味料： 添丁醋 600g

作　法：

1. 豬腳去淨毛斬大塊，洗乾淨後，放入滾水中煮 5 分鐘，瀝乾水分。用清水略浸老薑，刮去薑皮，清洗乾淨，瀝乾水分，拍鬆。

2. 洗乾淨鑊，燒熱一大匙油，放入薑炒片刻，灑入 1 茶匙鹽，再炒至乾身。

3. 洗淨瓦煲，抹乾水分，注入添丁醋煲滾，加入薑，待再滾起，改慢火煲 2 小時後關火。

4. 每隔三至四天再以慢火煲滾一次；待產婦吃薑醋前數天才下豬腳和雞蛋。

5. 燒滾半鍋清水，放入豬手、腳，加蓋煮 20 分鐘，盛起。

6. 將豬手、腳，轉放入已滾的甜醋內，煲 1 小時半。再放入已煮熟去殼的雞蛋，煲 10 分鐘 (醋要蓋過豬腳雞蛋面)。吃時再煲滾即可享用。

tips

※ 添丁醋是廣東人坐月子常用的進補醋，是一種黑甜醋，又稱添丁甜醋。

※ 豬腳薑是產婦之補品，可改善產後血虛、手腳冰冷等症狀，如孕婦未產時，預先煲定薑醋，雞蛋煮熟，連殼一起放入醋中和薑一起煲，煲約 1 小時，放冷後密封，待產後再加豬手。

香酥蓼蹄雞。

陳兆麟 ◎ 烹調製作

食　材：土雞 1 隻 (約 1500g)

醃　料：鹽 1 茶匙、花椒 2g、五香粉 1 大匙、蔥頭 6 顆

藥　材：黨蓼 20g、白芍 10g、當歸粉 10g、薑 2 片

調味料：紹興酒 150g、鹽 5g

作　法：

1. 土雞去骨切塊，以醃料醃 30 分鐘後取出瀝乾。

2. 將藥材與調味料混合後蒸 30 分鐘。

3. 起油鍋以 160℃ 油溫將雞塊炸熟。

4. 將中藥材與雞塊拌合即可食用。

tips　黨蓼性溫味甘，能益中補氣、健脾補
血，主治氣血虛、子宮脫垂等症。

枸杞鮮蝦。

吳文智 ◎ 烹調製作

食　材：新鮮草蝦 300g、枸杞 10g、紅棗 4 個、黨蔘 2 支
　　　　當歸 1 片、川芎少許、蔥 1 支、薑少許
　　　　米酒少許

調味料：紹興酒 60g、鹽 6g、水 300 cc、米酒少許

作　法：

1. 準備一內鍋放入水、紅棗、黨蔘、當歸及川芎。

2. 放入電鍋中蒸約 20 分鐘，再加入枸杞和調味料。

3. 另備一鍋，將蔥、薑及少許米酒加入，待水滾後將蝦放入煮
　 約 3 分鐘撈起。

4. 鮮蝦加入補湯一起食用即可。

tips　補湯可以事先煮好，鮮蝦想吃多少燙多少，
　　　煮的時間不宜太久才能吃出甜味。

人蔘仙境豬心。

施建發 ◎ 烹調製作

食　材：豬心半粒、珍珠菇 150g、老薑末 10g
　　　　黑麻油 20g、蛋白少許、太白粉水 1 大匙
　　　　鹽少許

藥　材：人蔘 8g、當歸 2g、枸杞 5g、米酒 30g

調味料：醬油膏 30g、細冰糖 5g

作　法：

1. 豬心切薄片放入少許蛋白、太白粉水、鹽醃泡約 10 分鐘。

2. 藥材洗淨後，放入電鍋蒸約 20 分鐘。

3. 黑麻油放入鍋中小火炒香老薑末，放入豬心炒半熟。

4. 再加入珍珠菇、蒸過的中藥湯和調味料拌炒至熟即可。

tips　炒豬心的時候要特別注意，不可炒煮太
　　　久，豬心會變硬影響口感。

人蔘可大補充氣、健脾和胃，產後三週可
食用，特別適合身體氣虛乏力者，但哺乳
婦女不宜過量，以免影響泌乳。

高麗菜枸杞羊肉。

施建發 ◎ 烹調製作

食　材：羊肉 1 公斤、高麗菜 500g、枸杞 10g
香菜少許、太白粉水 1 大匙

滷汁料：桂皮 10g、當歸片 5g、八角 1 粒、水 1.5 公斤
米酒 50g、醬油 80g、冰糖 15g、鹽 10g

作　法：

1. 羊肉切大塊，放入滾水中汆燙後洗淨。

2. 水煮開加入洗淨的桂皮、當歸、八角，以小火煮約 15 分鐘。

3. 接著放入其餘滷汁料，放入羊肉以小火煮約 1 小時。

4. 高麗菜切小塊後用 2/3 滷汁汆燙排盤，羊肉排入高麗菜上面。

5. 1/3 滷汁加入枸杞煮開，以太白粉水勾薄芡淋入羊肉中，再
加入香菜即可。

tips　枸杞的滋補效果很好，與羊肉煮成溫補料
理，若是產後體弱畏冷，或是腰脊冷痛，都
可以多吃。

張和錦 ◎ 烹調製作

茶油紅蟳。

以茶油代替麻油坐月子，同樣可滋補產後虛弱的身體，有助子宮收縮。

食　材：紅蟳 1 隻、蔥 15g、薑 15g

調味料：茶油 3 大匙、鹽 1 大匙、雞粉 1 茶匙、酒 2 大匙

作　法：

1. 活的紅蟳去臍部，洗淨備用。

2. 鍋中加入茶油，炒香蔥、薑，加入水及所有調味料。

3. 最後加入紅蟳燜煮至水收乾即可。

麻油松阪肉。

張和錦 ◎ 烹調製作

麻油有滑腸通便的作用，產後若有便秘情形可多吃。

食　材： 松阪肉 200g、秀珍菇 100g、老薑 20g、枸杞 2g

調味料： 黑麻油 2 大匙、酒 300g、醬油膏 1 大匙、雞粉 1 大匙

作　法：

1. 松阪肉切成薄片，放入滾水中汆燙備用。

2. 秀珍菇放入滾水中汆燙備用。

3. 鍋中加入黑麻油，先將老薑片爆香。

4. 接著加入酒、所有食材和調味料，煮滾即可起鍋食用。

彩椒杏鮑雞柳。

張和錦 ◎ 烹調製作

食　材： 杏鮑菇 30g、紅黃綠三色椒各 10g
　　　　　雞胸肉 100g、蒜末 5g

調味料： 鹽 1 茶匙、雞粉 1 茶匙、酒 1 茶匙

醃　料： 鹽少許、雞粉少許、蛋少許、太白粉少許

作　法：

1. 雞胸肉切成柳狀，加入醃料醃入味。

2. 杏鮑菇切成粗條，三色椒切絲備用。

3. 起油鍋，將雞胸肉拉油備用。

4. 另起鍋爆香蒜末，加入杏鮑菇、水及調味料，再加入三色椒
   絲及雞柳炒勻。

5. 最後勾少許的薄芡即可。

淮山排骨燉九孔。

張和錦 ◎ 烹調製作

食　材：九孔 2 粒、排骨 2 塊、淮山 20g
　　　　青耆 1 片、紅棗 3 粒

調味料：鹽 1 茶匙、酒 1 大匙、雞粉 1 茶匙

作　法：

1. 九孔放入滾水中汆燙去觸鬚。

2. 排骨放入滾水中汆燙備用。

3. 淮山切小塊備用。

4. 所有食材除了九孔之外，加入調味料及適量的水，放入蒸籠
   蒸 20 分鐘。

5. 取出蒸鍋前 5 分鐘再加入九孔即可。

tips　　淮山即為山藥，味甘性平，健胃整腸的效果
　　　　最明顯，婦女產後若體質虛寒可多吃。

Part 4

高纖時蔬

產後第一週為了避免產婦水分攝取過多、不利於消除水腫，

因此青菜水果不宜多吃，第二週之後就可以適量補充蔬菜，

膳食纖維有助於腸胃蠕動。

飲食守則
勿食酸性的食物

如酸梅、醋、檸檬、烏梅。酸性食物因較具收斂性，多吃會使
惡露不易排盡。酸性食物雖不宜多吃，但在燉排骨、魚時放點
食醋則無妨，不但可去腥，而且有助鈣、磷的溶解吸收。

媽咪疑問 ??

Q. 口渴可以喝水或其它飲品嗎？

A. 不可喝濃茶，因為會妨礙鐵質的吸收，可酌量飲用開水或開水沖淡的新鮮果汁。

Q. 要吃些什麼來改善便秘？

A. 原則上多吃高纖食物可以改善，吃下爆香過再燉湯的老薑有很好的效果，麻油或茶油也都有滑腸通便之效。

蒟蒻沙拉。

林慧懿 ◎ 烹調製作

食　材： 蒟蒻豆腐絲 1 包、大白菜 1/2 顆
芹菜 3 支、胡蘿蔔 2 支

調味料： 醬油膏 2 大匙、麻油 1 大匙、花椒油 1 茶匙
蒜泥 1 大匙、薑末 1 茶匙

作　法：

1. 蒟蒻豆腐絲用開水煮 2 分鐘後瀝出。

2. 將大白菜 (或佛手瓜)、芹菜、胡蘿蔔分別切兩吋長細絲、
燙熟瀝乾，排入盤中呈放射狀，蒟蒻絲排入盤中央。

3. 起油鍋燒熱麻油、花椒油，爆香蒜泥、薑末，加醬油膏拌勻，
盛入碗中為調料。

4. 將全部食材拌好即可食之。

tips　蒟蒻含有大量水溶性纖維，可以促進腸胃蠕
動，達到預防便秘的效果。

素炒豆包。

陳兆麟 ◎ 烹調製作

食 材： 素豆包 1 個、茭白筍 2 支、乾香菇 8 朵
金針 25g、豆腐衣 2 件

調味料： 鹽少許、糖少許、米酒少許

作 法：

1. 乾香菇洗淨泡發，切塊備用。

2. 素豆包、茭白筍、豆腐衣切塊備用。

3. 將所有材料放入滾水中汆燙。

4. 取鍋放入兩大匙菜油，爆香香菇後加入所有材料，以少許
鹽、糖和米酒調味後，稍燜煮至熟即可。

tips　產婦可以適量地攝取各種高纖蔬菜，以改善
便秘等腸胃不適的情形。

麻油豆皮。

高纖時蔬

108

豆皮含有豐富的營養素，並含天然植物雌激素，可以幫助女性荷爾蒙的調整，加上香菇可助血糖代謝，可幫助坐月子時瘦身。

食　材：豆皮 2 片、香菇 2 朵、麻油 2 大匙、薑 3 片

藥　材：黑棗 5 個、枸杞 5g、月子水 300cc

作　法：

1. 豆包、香菇切斜段片。

2. 以麻油爆香薑片，再加入豆包、香菇、月子水炒熟，排入碗中、放上黑棗、枸杞蒸 15 分鐘即可。

tips　素食者亦可用素雞塊、老薑、黑芝麻油、蒟蒻、豆皮、枸杞同燒；可湯可菜。

紅燒四喜豆腐。

林慧懿 ◎ 烹調製作

高纖時蔬

109

挑選不同顏色的時蔬入菜，可以有效促進產婦的食慾。

食 材： 豆腐 1 盒、乾香菇 (泡軟) 4 朵、胡蘿蔔 1 支
冷凍甜豆莢 (或毛豆仁)2 大匙、蔥 2 支
薑 5 片、紅椒片 (去籽) 5 片

調味料： 醬油 1 大匙、糖 1 茶匙、麻油 2 茶匙
高湯 1/2 杯、太白粉 1 茶匙

作 法：

1. 將豆腐切成十片，香菇對切，洋菇切三片，胡蘿蔔切薄片，
   蔥切成兩吋段。

2. 鍋中燒熱兩大匙油，將豆腐片煎黃兩面，再將豆腐片滑到鍋
   邊，香菇、蔥、薑入鍋煎香，淋下醬油、糖略燒，倒入高湯，
   加蓋，用中火燒至豆腐入味。

3. 加入胡蘿蔔片、紅椒片、甜豆莢 (或毛豆仁)，用太白粉水
   勾芡，最後淋下麻油即可。

林慧懿 ◎ 烹調製作

豆腐三色蘿蔔球。

高纖時蔬

豆腐富含蛋白質，吃素的產婦可以多吃。
此外，豆腐的植物性荷爾蒙，能使乳房堅挺。

食　材： 豆腐 1 盒、白蘿蔔 1 支、胡蘿蔔 1 支
　　　　南瓜 1 個、海帶 2 條

調味料： 麻油 1 大匙、鹽 1 茶匙、胡椒 1/4 茶匙

作　法：

1. 將白蘿蔔、胡蘿蔔、南瓜煮至半熟，以挖球器挖成球狀，海
帶泡軟切寬條。

2. 全部放鍋中加水 10 杯煮 20 分鐘至軟。

3. 加入豆腐（切成長方塊）續煮 10 分鐘，最後下調味料，煮至
入味即可。

麒麟豆腐。

林慧懿 ◎ 烹調製作

豆腐加上魚肉共煮，魚肉可以補足豆腐所缺的蛋氨酸和賴氨酸，營養價值更高。

食　材： 嫩豆腐 1 盒、鮭魚肉 1/2 磅、筍 (熟)1 支
香菇 5 朵、胡蘿蔔 1 支、蔥 2 支、薑 2 片
紅辣椒 1 支

調味料： A 鹽 1/2 茶匙、高湯 1/2 杯
B 醬油 1 大匙、胡椒 1/4 茶匙、糖 1/4 茶匙

作　法：

1. 將豆腐切成 10 塊方片、鮭魚肉也切成同樣大小片狀，筍、胡蘿蔔也切薄片，香菇對切。

2. 將一片豆腐放於盤上，排上一片鮭魚，依次排上筍、香菇、胡蘿蔔。再依次將全部材料排入盤中，倒下調味料 A，上鍋蒸十分鐘。

3. 鍋中燒熱油一大匙，加入蔥、薑、紅辣椒絲，淋下調味料 B，待滾立即熄火，澆於菜上即可。

西式煎蛋卷。

林慧懿 ◎ 烹調製作

食　材：新鮮雞蛋 3 顆、鹽少量、胡椒少量
　　　　融化的奶油或沙拉油 3 大匙
　　　　自選新鮮香蔬菜適量
　　　　（細蔥、香菜、青椒、洋蔥、番茄、火腿肉、蘑菇等）

作　法：

1. 新鮮香蔬菜剁碎後，視個人喜好增減份量。

2. 打三個蛋在容器內，加鹽、胡椒調味，充分攪拌均勻。

3. 熱平底鍋，放入少許奶油使它融化，煎香蔬菜料。

4. 倒入蛋汁，將開始凝固的部份不斷向鍋子的中央推動，一直達到想要的熟度為止（半熟、滑嫩或全熟）。

5. 轉小火，將平底鍋傾斜一邊，翻轉成半月型卷餅狀，直接滑入盤中。

tips　蛋卷裏的食材可任選，配料切粒先炒一下，炒的時候鍋要熱，蛋液放到鍋裏改中小火煎，第一步先把食材與蛋炒勻、鍋中週邊的蛋液推到中間，小心不要把蛋皮煎老了，蛋皮中間的部分做厚點，蛋皮熟了成型就放 cheese，再把蛋皮捲起來就好了，煎蛋卷裏面的餘熱足可融化 cheese 絲。

林慧懿 ◎ 烹調製作

茶油炒紅莧菜。

高纖時蔬

114

莧菜所含的鐵質比菠菜還多，具有補血的作用，還可以強壯骨質。

食　材：茶油 2 大匙、紅莧菜 1 把、老薑 3 片、鹽 1/4 茶匙

藥　材：枸杞 3 個

作　法：

1. 老薑切絲，以茶油爆香。

2. 接著炒紅莧菜，加鹽、枸杞調味即可。

tips　體質上怕燥熱的人，可以將麻油料理改以茶油取代，更加溫和且有同樣效果。

菠菜麻油紅露酒水糖蛋。

莊忠銘 ◎ 烹調製作

加入紅麴釀造而成的紅露酒，屬於米糧釀造酒，含有胺基酸、維生素、有機酸等，營養價值高。

食　材： 土雞蛋 2 粒、紅露酒半杯、菠菜 8 片
冰糖 3g、麻油 2 茶匙

作　法：

1. 土雞蛋兩粒放入模型中煎至兩面黃。

2. 鍋內倒入紅露酒、冰糖、麻油、菠菜略煮即可起鍋。

3. 依序放上水糖蛋、菠菜即可。

Part 5

幸福甜品

吃甜點可以讓人心情愉悅，坐月子的媽咪若是能在餐後吃些溫熱的甜品，有助於預防產後憂鬱，但仍要注意糖分的攝取，以天然低糖為原則。

飲食守則
勿食寒涼生冷的食物

如冰品、西瓜、柚子、柑橘、梨子、椰子、荸薺（馬蹄）、黃瓜、絲瓜、冬瓜、苦瓜、茄子、茭白、竹筍、海帶等。中醫說「產後多虛」、「產後宜溫」，寒涼食物易損傷脾胃，影響消化功能，並易致瘀血滯留，可引起產後腹痛、產後惡露不絕等。

媽咪疑問 ??

Q. 坐月子能不能吃水果？

A. 建議產後第三週可以
開始吃，但是太過
寒涼的水果不宜，如
西瓜等瓜類水果、
水梨、鳳梨及桃子等。

Q. 哺乳的飲食除了不
能吃韭菜之外，還
有沒有別的限制？

A. 大麥芽、麥乳精、麥
芽糖等麥製品會使
乳汁減少或回乳，產
後哺乳婦女應忌食。

桂圓紅棗甜湯。

幸福甜品

桂圓性味甘，長久以來都被視為滋補佳品，中醫上有開胃益脾、養血安神、補虛長智的功效。

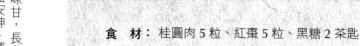

食　材： 桂圓肉 5 粒、紅棗 5 粒、黑糖 2 茶匙

作　法：

1. 將桂圓肉、紅棗、黑糖加適量水煮成甜湯即可。

tips　黑糖或紅糖皆有健脾補血、祛寒化瘀的作用。

林慧懿 ◎ 烹調製作

紅豆湯。

幸福甜品

119

紅豆有健脾利水、解毒消腫的作用，可以幫助產後消除水腫。

食　材： 紅豆2杯、黑糖2杯、陳皮1片、水8杯

作　法：

1. 紅豆泡水一夜瀝乾，拌入黑糖後用電鍋蒸熟。

2. 蒸好的紅豆冷藏在冰箱中，加水及一片陳皮，可快速煮出紅豆湯。

3. 亦可加入黑糯米、椰漿、黑糖、龍眼，煮成紫糯米粥為甜品。

紅糖小米粥。

林慧懿 ◎ 烹調製作

食　材：小米 100g、紅糖適量、枸杞 10g

作　法：

1. 將小米淘洗乾淨，放入開水鍋內，旺火燒開後，轉小火煮至粥黏。

2. 食用時，加入適量紅糖、枸杞攪勻，再煮開，盛入碗內即成。

tips

※ 紅糖含鐵比白糖高 1-3 倍，利於排除瘀血、補充失血。

※ 小米所含蛋白質、脂肪、鐵、維生素 B1、維生素 B2、少量胡蘿蔔素及其他微量元素均比大米多。小米可健脾胃，補虛損，作為產婦的一部分主食是很有益處的。

張和錦 ◎ 烹調製作

酒釀湯圓。

幸福甜品

酒釀甘辛溫，有助利水消腫，更適合哺乳產婦通乳汁。

食　材：小湯圓 300g、蛋 1 粒、白木耳 40g
　　　　太白粉水 1 大匙

調味料：酒釀 2 大匙、糖 1 大匙

作　法：

1. 將湯圓放入滾水中，煮熟備用。

2. 鍋中加入水，待滾後，加入白木耳、調味料煮滾。

3. 以太白粉水勾芡後，打入蛋花，加入湯圓即可完成。

酒釀蛋。

幸福甜品

123

蛋不要煮得太老，煮三分鐘即可熄火，燜五分鐘，蛋就會糖心。

食　材：米酒 3 大匙、蛋 1 個、清水 1 杯
　　　　糖適量、薑末 1 茶匙、酒釀 3 大匙

作　法：

1. 在水中加入薑末，打下蛋後煮 3 分鐘，加入糖及酒釀即可熄火，燜五分鐘。

2. 再開火煮至滾後，加入酒即可食用。

tips　　米酒是不用煮的，煮久就太老了。亦可用冰糖。

在家做下飯菜
54道美味家常菜 讓一家大小胃口大開
程安琪 著／定價169元

酸酸甜甜的橙汁肉排、香辣誘人的宮保蝦仁、清爽開胃的青木瓜沙拉……每道菜肴都讓人食指大動、口水直流！學著做下飯菜，讓你抓住另一半的胃，攏絡全家人的心！

在家做清粥小菜
70道家常小菜+6道養生粥品
程安琪 著／定價169元

本書精選的6種粥品，特別挑選五穀雜糧等養生食材，70道小菜烹調方式則以減少油膩、加強蔬菜和豆製品的比重，非常符合現代人的健康訴求，飲食美味無負擔，展開輕食好生活！

在家燒一手好菜
輕鬆當大廚，天天換菜色！
程安琪 著／定價169元

本書將燒的最大特色：入味好吃、操作方便、易於存放的烹調手法，詳細清楚的介紹在書中，乾燒大蝦、蔥燒鮮魚、油豆腐燒雞……用不同食材「燒」出色香味俱全的50道精選好菜。

在家燉煮一鍋美味
47道砂鍋與火鍋料理
程安琪 著／定價169元

暖呼呼的砂鍋菜、料多味美的火鍋料理，47道精選鍋物，教你善用食材特性，學會鍋的妙用，把香氣、美味、營養盡收湯鍋裡，輕輕鬆鬆燉煮一鍋美味！

嬰兒副食品聖經
新手媽媽必學205道副食品食譜
趙素瀅 著／定價600元

孩子要吃什麼才能健康成長？不同階段吃什麼食物？不該吃什麼食物？孩子過敏了怎麼辦？孩子生病了吃什麼？全書收錄了龜毛媽媽一絲不苟、堅持到底、絕不妥協的副食品紀錄，幫助所有的媽媽守護孩子的飲食。

增強體質的親子按摩
劉清國 主編／定價320元

父母是最好的保健醫師，按摩則是最好的親子關愛，本書教你輕鬆掌握28種防治兒童常見病症按摩法，準確定位90個保證孩子健康的特效穴位，為你的孩子找到一條方便、安全的健康之道！

媽媽的菜
傅培梅家傳幸福的滋味
程安琪 著／定價380元

程安琪老師說：「媽媽的菜讓我靠近幸福！」本書集結了傅老師發明及設計的菜、表演時最愛做的菜、補習班必教的菜、及家裡最愛吃媽媽做的菜，並透過程安琪老師一一為讀者解說，一共五大章、82道食譜的動人故事，希望大家也能嘗到這些幸福的味道！

給晚歸的家人做頓簡餐
100道冰箱常備料理
程安琪 著／定價299元

本書以最有效率的100道家庭常備菜為主軸，平時準備好書中的常備菜，20分鐘內便能為晚歸的家人做一頓熱騰騰、暖呼呼的美味簡餐，撫慰家人勞累的心，增加百分百能量。

100℃湯種麵包
超Q彈台式+歐式、吐司、麵團、麵皮、餡料一次學會
洪瑞隆 著／楊志雄 攝影／定價360元

湯種麵包再升級，從麵種、麵皮、餡料到台式、歐式、吐司各種風味變化，100℃湯種技法大解密！20年經驗烘焙師傅，傳授技巧，在家也可做出柔軟濕潤，口感Q彈的湯種麵包。

豪華焗烤&百變濃湯
一台烤箱、一個湯鍋、經典3醬汁，簡步驟，輕鬆端上桌！
絕品RECIPE研究會 著／柳瀬真澄 烹調／賴惠鈴 譯／定價350元

無論是鮮蝦番茄香辣焗烤、章魚明太子奶油焗烤番茄牛肉濃湯、西西里風櫛瓜鮪魚濃湯……只一台烤箱與一個湯鍋，就能輕鬆料理端上桌！

造型饅頭
新手也能做出超萌饅頭
許毓仁 著／楊志雄 攝影／定價450元

從基礎塑型到進階組裝，跟著詳盡的圖解步驟，Step by Step，輕鬆做出40款卡哇伊造型饅頭，一起走進萌萌的饅頭世界！

自己做天然果乾
用烤箱、氣炸鍋輕鬆做59種健康蔬果
龍東姬 著／李靜宜 譯／定價350元

健康零食DIY！喜歡蘋果、葡萄柚、奇異果等甜果乾滋味，或是偏好馬鈴薯、牛蒡、豆腐、西哥薄餅等鹹食脆片，只要運用烤箱、氣炸鍋就能在家輕鬆做出零負擔的美味蔬果乾！

輕鬆擺脫常見病 擁有健康好身體
吳聖賢 著／定價320元

18個經典名方，調養常見病。無論是視力減退、小腿抽筋、消化不良、神經衰弱，或是失眠、身體濕熱、尿頻、頭痛等，均可輕鬆獲得改善。

高血壓的飲食指南與防治知識
謝英彪、章茂森 著／定價300元

專家建議的烹調方法搭配簡單步驟，菜肴、粥品、湯羹、蔬果汁、茶飲與中藥漢方……教你用自然的食療方式，以健康飲食擊退高血壓！

廣東糖水鋪
佘自強 著／定價350元

甜湯是廣東人養生理論中相當重要的一環，本書作者以中醫養生的角度，教你以甜湯保健，達到強健身體、預防疾病、美容養顏的功效。

300道老火湯
黃遠燕 著／定價340元

本書詳細介紹老火湯的選材、製作方法和訣竅，依據個人口味與身體所需，按不同的功效選擇合適的湯品，你也能煲出一煲鮮香四溢，療效顯著的正宗老火靚湯！

幸福月子餐

65道滋養料理

作　　　者	林慧懿 等著	總 代 理	三友圖書有限公司
烹調製作	林慧懿、施建發、陳兆麟、張和錦、	地　　　址	106 台北市安和路 2 段 213 號 4 樓
	莊忠銘、吳文智	電　　　話	(02) 2377-4155
食療顧問	伍游雅	傳　　　真	(02) 2377-4355
攝　　　影	陳弘暐	E — mail	service@sanyau.com.tw
封面設計	劉旻旻	郵政劃撥	05844889 三友圖書有限公司
美術設計	王欽民		
		總 經 銷	大和書報圖書股份有限公司
發 行 人	程安琪	地　　　址	新北市新莊區五工五路 2 號
總 策 畫	程顯灝	電　　　話	(02) 8990-2588
總 編 輯	呂增娣	傳　　　真	(02) 2299-7900
主　　　編	徐詩淵		
編　　　輯	鍾宜芳、吳雅芳	製　　　版	興旺彩色印刷製版有限公司
	陳思巧、黃勻薔	印　　　刷	鴻海科技印刷股份有限公司
美術主編	劉錦堂		
美術編輯	吳靖玫、劉庭安	初　　　版	2014 年 11 月
行銷總監	呂增慧	二版一刷	2019 年 08 月
資深行銷	謝儀方、吳孟蓉	定　　　價	新臺幣 280 元
		I S B N	978-986-364-034-9（平裝）
發 行 部	侯莉莉	◎版權所有 · 翻印必究	
財 務 部	許麗娟、陳美齡	書若有破損缺頁 請寄回本社更換	
印 務	許丁財		
出 版 者	橘子文化事業有限公司		

國家圖書館出版品預行編目 (CIP) 資料

幸福月子餐：65 道滋養料理 / 林慧懿 等著 .
-- 初版 . -- 臺北市：橘子文化 , 2014.11
　面；　公分
ISBN 978-986-364-034-9(平裝)

1. 產後照護 2. 食譜 3. 藥膳

429.13　　　　　　　　　　103020754